AF243051

MÉDECINE PHYSIOLOGIQUE.

NOTICE

ADRESSÉE AUX PRINCIPALES AUTORITÉS

LÉGISLATIVES ET ADMINISTRATIVES,

Par L.-F. BIGEON, D.-M. P., MÉDECIN DES ÉPIDÉMIES, INSPECTEUR DES EAUX MINÉRALES DE DINAN; M. C. DES SOCIÉTÉS ACADÉMIQUE DE MÉDECINE, DE MÉDECINE PRATIQUE, MÉDICALE, ACADÉMIQUE DES SCIENCES DE PARIS, ETC.

Dire au public et au pouvoir ce qu'on juge la vérité, c'est dans tous les temps un devoir de l'honnête homme, maintenant c'est de plus un droit du citoyen.

M. GUIZOT, du gouvernement de la France.

L'ABUS DES REMÈDES EST LA CAUSE PUISSANTE DE NOTRE DESTRUCTION PRÉMATURÉE.

DÉCÈS COMPARÉS AUX POPULATIONS.

MÉDECINS CANTONNAUX.

A DINAN,

CHEZ J.-B. HUART, IMPRIMEUR-LIBRAIRE, PLACE DU CHAMP.

A PARIS,

CHEZ DERACHE, LIBRAIRE, RUE DU BOULOY, 7.

1843.

MÉDECINE PHYSIOLOGIQUE.

NOTICE ADRESSÉE AUX PRINCIPALES AUTORITÉS LÉGISLATIVES ET ADMINISTRATIVES, SUR L'UTILITÉ DONT POURRAIT ÊTRE LA MÉDECINE, ET SUR LE DANGER DE SES FAUSSES APPLICATIONS.

> Dire au public et au pouvoir ce qu'on juge la vérité, c'est dans tous les temps un devoir de l'honnête homme, maintenant c'est de plus un droit du citoyen.
>
> M. Guizot, du gouvernement de la France.

L'abus des remèdes est la cause la plus puissante de notre destruction prématurée, des maux et des infirmités qui la précèdent. Des faits nombreux et authentiques prouvent cette assertion : c'est une vérité des plus importantes; et il n'est pas douteux que, sous des institutions qui tendraient à éclairer la confiance des malades, à concilier leurs intérêts aux intérêts des médecins, à exciter parmi ces derniers une grande et louable émulation, on remarquerait bientôt, dans le développement de nos facultés physiques et intellectuelles, une amélioration aujourd'hui inespérée.

Mais tandis que les services rendus à l'humanité, à l'état ne pourront être convenablement appréciés; tandis que la reconnaissance sera toujours en raison directe de la variété et de la violence des remèdes, de la gravité et de la durée des maladies, les doctrines populaires, anti-physiologiques, seront propagées; et la plupart des malades, n'ayant point les données nécessaires pour bien juger leur position, se laisseront aisément séduire par des promesses que semblent presque toujours justifier le calme, le mieux-être qui succède à de grandes évacuations ou à des crises violentes, lors même que ces évacuations ou ces crises doivent abréger le cours de la vie.

Les maladies internes sont les plus fréquentes, les plus dangereuses, les plus difficiles à connaître; et cependant notre législation concède à tous les membres du corps médical les mêmes droits pour leur traitement.

Ce témoignage de confiance, cette égalité de droits faisant croire aux malades à une égalité d'aptitude et de moralité, presque inutilement aujourd'hui les médecins s'exposent à d'injustes reproches, dévoilent de coupables manœuvres et rappellent aux personnes qui ne réunissent pas à des études sérieuses une expérience raisonnée, qu'elles devraient, s'abstenir dans le doute ; qu'en suivant les impulsions vulgaires, en faisant la médecine des symptômes, elles frappent les malades et rarement les maladies.

Après avoir sacrifié leurs beaux jours et une grande partie de leur fortune, beaucoup de ces médecins vraiment dignes ont quitté ou quitteront une carrière dans laquelle ils ne trouvent plus une existence honorable. Ne voulant pas avoir à se reprocher une condescendance criminelle aux préjugés vulgaires, ils renoncent à l'exercice de leur état, ils abandonnent la partie, sachant bien qu'ils eussent pu couler des jours heureux, être toujours recherchés, applaudis comme ils avaient été recherchés, applaudis lorsque, jeunes encore et sans expérience, ils suivaient l'impulsion du jour, les doctrines devenues populaires.

L'histoire rappellera cet oubli, cette abnégation des intérêts privés.—Honneur, gloire aux législateurs, lorsqu'ils auront frappé le monstre, « voué au mépris et à l'horreur ces médicastres ignares et dangereux qui, comme le médecin de Molière, saignent pour voir si la maladie est dans le sang, purgent dans l'espoir de la reconnaître si elle se trouve dans les humeurs, et après avoir ainsi promené leur victime autour du tombeau, l'y précipitent, en emportant l'or de la famille dont ils ne méritaient que les malédictions. » *Journal univ. des Sc. méd. T. 3, pag. 358.*

D'un dévouement presque toujours inaperçu et sans gloire que reste-t-il à la société ; que peut-il rester, sous nos institutions, au commun des hommes, au commun des ministres d'une science que les peuples anciens au plus haut degré de civilisation, appelèrent divine ; d'une science à laquelle ils élevèrent des autels ? De vaines théories, des systèmes dangereux, successivement oubliés et chaque siècle reproduits sous des formes nouvelles! Et cependant en médecine l'expérience n'est point essentiellement trompeuse : elle a son criterium, ses juges : les registres de l'état civil.

Ils sont sans prévention, sans envie ces juges, qu'ils soient consultés : les observations utiles, les pensées heureuses seront toujours appréciées, les succès réels seront seuls encouragés. Le médecin ne regrettera plus d'avoir embrassé une profession qui offre peu de chances de fortune, et qui ne promet pas toujours, pour dédommagement des grands sacrifices qu'elle exige, la jouissance d'une active philanthropie.

L'homme vulgaire indisposé, même malade, voit un médecin, souvent moins pour avoir son avis que pour lui donner le sien, pour lui dire : le sang, la bile me gênent ; voulez-vous me saigner, me purger? Sur un refus, il passe outre et trouve aisément à une autre porte le complaisant qu'il cherche.

Parmi les propagateurs des méthodes perturbatrices et débilitantes, les plus adroits, les plus renommés aujourd'hui se taisent. C'est que le raisonnement, fondé sur la physiologie, leur est contraire; et, ce qui est sans réplique, c'est qu'ils ont contre eux les registres de l'état civil, témoins toujours vivants, incorruptibles et irrécusables, lorsqu'ils sont consultés sur une grande échelle, sur une grande masse d'habitants. Enfin, le silence des fauteurs des méthodes empiriques prouve que ce n'est pas au grand jour qu'ils pensent obtenir un triomphe, et que leurs traits empoisonnés par la calomnie, cesseront d'être dangereux, aussitôt que les ombres de leurs victimes auront été souvent et convenablement évoquées.

Aucun raisonnement, aucun fait n'ont été opposés à la médecine physiologique. Elle recherche dans le mode de lésion que les solides et fluides éprouvent, les indications à remplir, toujours elle tend à aider la nature, à diriger ses efforts salutaires, à rétablir directement, entre les diverses fonctions, le rapport normal, l'heureuse harmonie qui constitue la santé.

Reconnaissant que nos fluides sont diversement modifiés dans les maladies, qu'ils le sont par tout ce que nous prenons, par tout ce qui nous entoure, qu'ils agissent sur les solides en raison de leurs éléments, et que l'action de ces éléments est spéciale, curative ou délétère, sur nos différents systèmes d'organes, la thérapeutique des médecins qui suivent ses préceptes, est essentiellement variée, mais toujours raisonnée, simple et prudente.

S'appuyant sur des faits, déjà recueillis en grand nombre, ces médecins n'hésitent pas à penser que notre existence sociale pourrait être aisément doublée, l'âge adulte étant, comme l'a remarqué Buffon, le seul pendant lequel l'homme jouisse de toutes ses facultés, et puisse se rendre vraiment utile à ses concitoyens, à l'état.

Ces propositions ne sont que le corollaire des faits et des raisonnements rappelés dans une requête manuscrite, présentée au Roi en 1840. Cette requête imprimée fut, comme plusieurs de mes écrits, adressée aux premières autorités legislatives, militaires et administratives, aux sociétés savantes, aux académies de médecine.

SIRE,

La santé publique a toujours été un des sujets les plus importants de votre haute sollicitude, et le gouvernement de votre Majesté accueillera, je l'espère avec faveur, des observations propres à répandre quelques lumières sur ce grand intérêt.

Après avoir, pendant dix années, étudié dans les hôpitaux civils et militaires les résultats obtenus sous l'influence de diverses doctrines médicales, j'ai reconnu, et je crois l'avoir suffisamment prouvé, que de nos jours la cause la plus fréquente de la mort prématurée des hommes civilisés, est l'abus des remèdes.

Les annales de la médecine sont remplies de faits qui justifient cette assertion, mais des opinions bien différentes semblent également y trouver un appui. Permettez, Sire, que je rappelle ici des observations attestées légalement, incontestables et qui, si elles ne l'étaient pas, eussent été contestées dans les nombreux écrits répandus contre la méthode de traitement que j'ai suivie.

En avril 1795, à l'hospice ambulant de Nozay, la dyssenterie, traitée par des saignées et des vomitifs, comptait chaque jour des victimes. Chargé pendant dix jours de la direction médicale de cet hospice, je me bornai à une médication légèrement tonique, calmante et révulsive. On comptait alors plus de trente soldats dyssentériques : aucun ne succomba (1).

Dans ma dissertation inaugurale, mai 1799, j'émis l'opinion que l'hémoptysie ; maladie dont j'avais éprouvé plusieurs atteintes, est due non à la rupture des vaisseaux pulmonaires, mais à leur faiblesse, à leur distension, pendant laquelle les pores dilatés permettent la sortie des globules rouges. Cette doctrine, reproduite par Bichat, fut bientôt généralement adoptée ; mais il ne pouvait en être de même des conséquences pratiques que j'en tirais : elles avaient contre elles des intérêts et des préjugés (2).

A Pleurtuit, en janvier 1802, une fièvre épidémique détermina de nombreux décès. L'abus des saignées, des vomitifs et des purgatifs était évidemment la cause de la mortalité observée, et je ne pouvais faire promptement cesser cet abus qu'en prouvant, contre mes intérêts, ma profonde conviction. Aucuns secours publics n'étant alors offerts aux pauvres, ils souffraient beaucoup. Je refusai mes soins aux riches qui avaient recouru à une médication perturbatrice, si de leur bourse ils ne secouraient les pauvres. Le traitement que j'indiquai fut généralement adopté et l'épidémie cessa de faire des victimes (3).

En août 1806, à Saint-Cast, une fièvre ataxique enleva en peu de jours quatre malades. Quinze dans le même village étaient en danger : un seul, qui n'offrait aucun espoir, mourut. Des secours convenables furent administrés au nom du gouvernement, et cette année, si l'on en jugeait uniquement par les décès, compterait parmi les plus salubres (4).

---

(1) Observations qui prouvent que l'abus des remèdes, surtout des saignées et des évacuants du canal alimentaire, est la cause la plus puissante de notre destruction prématurée, des maux et des infirmités qui la précèdent, *pag.* 86.

(2) Essai sur l'Hémoptysie essentielle. AN VII. — L'utilité de la Méd., *pag.* 75. Des Systématiques et de leurs adeptes, *pag.* 24.

(3) Observations qui prouvent, etc., *pag.* 87.

(4) Observations qui prouvent, etc., *pag.* 79. — 88.

— 5 —

En 1815, 16 et 17, la dyssenterie fut, sous l'influence des évacuants, très-répandue et très-funeste. Dans une seule année, 1817, 1,603 malades reçurent des soins, sous ma direction. Comme les années précédentes, l'état nominatif de ces malades, avec indication des traitements me fut remis, certifiés par MM. les officiers de santé, les maires et les curés. Dans une seule commune, en huit jours, sur vingt-neuf dyssentériques, neuf étaient morts émétisés : plusieurs donnaient de vives inquiétudes et leur nombre augmentait rapidement, lorsqu'on m'appela. Pendant les vingt-cinq jours suivants, on ne compta que sept décès de tout âge et de toutes maladies, quoique cent quinze malades atteints de la dyssenterie aient eu besoin de secours (1).

Le choléra sévit de la manière la plus violente dans le village de l'Isle, en septembre 1832. Population 409. Près de la moitié de cette population effrayée avait quitté ou était atteinte ; à chaque instant on voyait de nouveaux malades ; dix-sept étaient morts en trois jours, lorsque des secours publics purent être offerts. Leur administration fit renaître l'espérance. Six cholériques, des plus gravement affectés, moururent en trois jours : un seul périt dans la semaine suivante (2).

Plusieurs autres épidémies, spécialement celle de Saint-Solain, sans avoir été très-meurtrières, prouvent d'utiles applications de la médecine physiologique, et la funeste influence des méthodes débilitantes et perturbatrices (3).

Quoique la pratique médicale de mon père, auquel je succédai à Plouër, en 1799, eût été heureuse, la mortalité, dans cette commune, fut, pendant cinq ans, diminuée d'un quart, et réduite à un cinquante-quatrième de la population, quoiqu'en l'an 12 une épidémie grave y ait fait de nombreuses victimes. En décembre 1805, me fixant à Dinan, j'y fis distribuer aux pauvres des remèdes et d'autres secours. J'annonçai une diminution dans la mortalité probablement, toutes choses égales, de plus d'un tiers, et cette prévision s'est réalisée (4). Décès, il y a cinquante ans, en 1786, 7, 8 et 9. — 856. Population moins de 6,000. — Pendant les quatre dernières années, 1836, 7, 8 et 9, décès 760. Population près de 8,000. — Avant que j'habitasse Dinan, pendant les années 9, 10, 11 et 12, décès 1,198. Population 6,406. Diminution, toutes choses égales, près de moitié, quoique pendant les douze années suivantes, une augmentation de mortalité d'un cinquième ait été constatée dans les autres parties de l'arrondissement et dans les villes voisines (5).

---

(1) L'utilité de la Médecine démontrée par des faits, *pag.* 1. — 101.
(2) Notice sur le Choléra observé à Saint-Cast. 1832.
(3) L'*Impartial* dinannais, 9 avril 1840, — Lettres à M. Piedvache
(4) Lettre sur l'Epidémie observée en l'an 12.
Réflexions sur les Epidémies, *pag.* 9. Des Systématiques, *pag.* 17.
(5) L'utilité de la Médecine, etc., *pag.* 68.

En quinze années consécutives, le séminaire de Dinan a pré-
senté une population plus qu'égale à 1,500 hommes, pendant un
an. Aucun n'est mort, aucun n'est sorti malade (1).

Les jeunes gens dont se composent nos armées meurent dans la
proportion d'un sur treize et demi, pendant la première année de
leur service (2), et l'on ne peut également attribuer qu'à l'abus
des saignées et des autres évacuants la mortalité de près d'un sixième
en plus, observée dans les communes de l'arrondissement où la
présence des officiers de santé permet de recourir souvent aux remèdes que le vulgaire des malades considère comme propres à
guérir et prévenir les maladies, en enlevant leur cause, le sang
et la bile (3).

De tels faits, Sire, n'ont pas besoin de commentaires ; ils indi-
quent clairement vers quel voie le gouvernement doit diriger la
science médicale ou du moins ses applications.

Si votre Majesté daignait ordonner une enquête administrative
sur l'influence des diverses médications, ce serait pour la France
le plus grand bienfait, et pour vous, Sire, le titre le plus réel, le
plus durable à la reconnaissance publique.

Les bornes de l'existence humaine seraient notablement reculées,
si, dans toutes les communes, des médecins convertis aux doctrines de conservation et de progrès aujourd'hui professées, étaient
spécialement chargés de veiller à la santé publique, si leur émulation était excitée par des prix qui, fondés sur le nécrologe, ne
fussent-ils qu'honorifiques, attesteraient leur habileté et leur zèle.

La confiance des malades étant ainsi éclairée, on verrait en grand
nombre des hommes consciencieux s'oublier eux-mêmes, des Lagaraye offrir aux malheureux leur soins et leur fortune. Toute hésitation cesserait, leur voix serait toujours entendue ; tous leurs
efforts tendraient à maintenir et à rétablir directement dans leur
rapport normal, les fonctions dont l'heureuse harmonie constitue
la santé. Ils seraient les aides de la nature, les ministres toujours
écoutés de la morale.

La diminution de mortalité serait en France de plus d'un tiers,
de plus de trois cent mille par an. Dix mille soldats meurent chaque
année, dans les hôpitaux ou dans leurs foyers ; ils seraient presque
tous conservés à la vie, à l'état, dont les charges seraient notablement réduites.

Dans des conversations bienveillantes et familières, dans des
écrits courts et très - répandus, la morale serait présentée,

(1) Lettre à M. le Sous-Préfet de Dinan, *pag.* 34.
(2) Chambre des Députés, *le Siècle*, 4 juin 1839.
(3) Recherches sur l'influence que les Evacuants exercent sur la population, *pag.* 19.

comme la source de toutes les jouissances pures et durables ; des secours donnés aux malades, aux infirmes, aux enfants, aux vieillards malheureux (1), coûteraient moins que des armées nombreuses, aujourd'hui nécessaires ; la moralité et l'amour du peuple devenant les appuis du trône, la plus saine partie de notre population, actuellement sous les armes, serait la plus laborieuse, la plus productive ; des encouragements donnés aux sciences, à l'agriculture, au commerce et aux arts les feraient promptement franchir les limites de ce qu'aujourd'hui nous considérons comme possible : enfin, les hommes vicieux, les brouillons politiques, soumis au jugement des sages, iraient peupler les plages désertes, et des voisins qui, jaloux de notre prospérité, semblent vouloir mettre notre courage à de nouvelles épreuves, après des efforts impuissants, reconnaîtraient dans la France, toujours juste, toujours ferme, l'arbitre des nations.

Ces pensées, Sire, ont été favorablement accueillies par des Sociétés savantes, par des médecins et des hommes de lettre honorables (2) ; mais votre Majesté seule peut en déterminer une prompte et heureuse application. Mieux que tout autre, elle en appréciera les conséquences, et cette considération me détermine à hasarder la démarche que je fais sous une forme inusitée, peut-être, mais dont l'excuse se trouvera dans votre cœur, dans le cœur du roi, du père des Français.

Je suis, avec le plus profond respect, de votre Majesté, SIRE,

Le très-humble et très-obéissant serviteur, BIGEON.

A de nouvelles et pressantes sollicitations, son excellence le Ministre du commerce, spécialement chargé des institutions sanitaires, a daigné répondre :

Paris, 24 mars 1842.

Monsieur, j'ai reçu la lettre et les documents que vous m'avez adressés à l'appui d'un projet d'organisation médicale tendant à remédier aux abus qui ont lieu, selon vous, dans l'exercice de la médecine.

---

(1) De la Mendicité et de son extinction, à Dinan, par l'éducation et le travail. 1837.

(2) Réflexions sur l'importance des services que la Médecine rendrait à la société si, pour bannir le charlatanisme, on faisait dépendre de leurs succès réels, l'honneur et la fortune des médecins. Dinan, 1812.

« Ce projet, rempli de vues utiles, se distingue surtout par le desir du bien public. » *Rapport lu au Cercle Médical de Paris, par son secrétaire, le Dᴿ Chardel.*

V. L'utilité de la Médecine démontrée par des faits, *pag. 47.*

La plupart de ces écrits paraissent se rattacher à une polémique dont l'objet est entièrement étranger à l'administration. Les seuls points par lesquels ils pourraient concerner mes attributions se rapportent : 1° à l'institution de médecins cantonnaux ; 2° à des recherches statistiques qui auraient pour but de faire apprécier la valeur relative des diverses méthodes de traitement, par leur influence sur la mortalité.

Quant au premier point, Monsieur, je ne saurais admettre, avec vous, que l'organisation que vous proposez pût être réalisée sans lois nouvelles, sans nouvelles dépenses. Le gouvernement pourrait sans doute déférer le titre de médecins de canton à un certain nombre de docteurs en médecine. Il pourrait demander à leur zèle quelques services gratuits, en ce qui touche la salubrité générale ; mais dans votre projet il s'agit de la médecine privée et il n'appartient pas à l'administration de diriger le choix des malades, en faveur de tel ou tel médecin, et d'établir entre les médecins eux-mêmes et les officiers de santé une hiérarchie autre que celle qui résulte des dispositions de la loi.

Vous pensez que la confiance publique irait d'elle-même aux médecins qui suivraient la méthode que vous considérez comme la meilleure, quand la supériorité de cette méthode aurait été constatée par la diminution du chiffre de la mortalité.

L'établissement d'une statistique médicale est donc la condition indispensable de votre plan.

Il ne me paraît pas très-facile de fixer les bases d'une pareille statistique de manière à obtenir des résultats véritablement concluants. Toutefois, ce point me paraît mériter examen ; et comme il se lie à des questions purement médicales dont l'Académie royale de médecine doit être le meilleur juge, je communique à cette société savante la lettre que vous m'avez fait l'honneur de m'adresser et les documents que vous y avez joints.

Tout en m'abstenant d'ailleurs de porter aucun jugement sur vos doctrines médicales, je ne puis qu'applaudir aux intentions qui vous ont porté à me faire part de vos vues de réforme et d'amélioration.

Recevez, Monsieur, l'assurance de ma considération,

Le Ministre de l'agriculture et du commerce,

L. Cunin-Gridaine.

Une enquête, d'où résulterait la connaissance du rapport des décès avec le nombre et les titres des personnes qui, dans chaque commune se livrent au traitement des malades, ne coûterait que quelques heures de travail à l'administration, et cette enquête serait d'une utilité inappréciable.

Lorsque dans des écrits, dans des journaux, même dans ceux que l'opinion révère, on voit chaque jour soumettre à la crédulité publique des succès exagérés, invraisemblables, impossibles, que peut la science? que peuvent les ministres qu'elle avoue?

Ces ministres ne publient que ce qu'ils savent être vrai, ils ne dissimulent pas des non-succès, des malheurs, lorsqu'en les faisant connaître ils peuvent en prévenir de nouveaux, ils savent que la sensibilité des principaux viscères étant presque nulle, un mieux-être passager, séduisant et trompeur, succède, et doit toujours succéder aux médications débilitantes, comme à l'usage des stimulants, des révulsifs employés à l'intérieur; ils savent que l'homme lorsqu'il n'a point, en se livrant à des études fortes, sérieuses, appris que l'hésitation, le doute est souvent un progrès, ne reconnaît une science profonde qu'au médecin qui, au lit des malades, agit toujours et n'hésite jamais.

Des recherches faites avec soin, et à des époques différentes, sur les registres de l'état civil, ont prouvé que les décès sont beaucoup plus nombreux, toutes choses égales, dans les communes où l'on peut aisément se procurer des remèdes, que dans celles où l'absence de toute officine en rend l'abus difficile.

Ce fait, lorsqu'il sera convenablement apprécié, fixera l'attention publique, et l'annonce d'une ou de plusieurs maladies mortelles, qui toujours précède la prescription d'un remède violent, ne sera plus un voile impénétrable jeté sur la victime. Il sera généralement reconnu qu'il importe de distinguer dès le début des maladies, et même pour le traitement des indispositions, le médecin, le *vir probus, medendi peritus*, de l'empirique, toujours prêt à flatter les préjugés et les passions, à céder à l'impatience des malades, aux avis irrréfléchis des personnes qui, sans avoir étudié nos organes, sans avoir recherché quels peuvent être les éléments de la vie, croient pouvoir résoudre les problèmes les plus difficiles, juger les médecins, prononcer sur la nature des maladies et sur leur traitement.

Les empiriques et les physiologistes ne peuvent s'entendre; et, tandis que l'autorité refusera d'intervenir, une polémique animée, même scandaleuse, sera utile : violente, elle décèle la faiblesse, la passion, l'envie; calme, raisonnée, appuyée sur des faits authentiques, elle prépare à la vérité un honorable triomphe.

Déjà chacun répète : il y a quelque chose à faire, mais sur ce qu'il faudrait faire, on hésite.

Les empiriques, qualifiés médecins, sachant bien qu'ils ne pourraient avec avantage entrer dans une voie nouvelle, consciencieuse, dans une voie où les assertions vagues, les nécrologes mensongers, les raisonnements faux seraient toujours efficacement combattus par des faits authentiques, tout en convenant qu'il y a quelque chose à faire, ajoutent : le temps a consacré des droits; instituer des médecins cantonnaux, les présenter comme méritant la confiance des malades, comme intéressés à les guérir promptement, à prévenir les maladies, ce serait leur assurer la préférence, mécontenter une classe nombrense, qui n'est pas sans influence politique, et qui, loin d'être à charge à l'état, se soumet, depuis un demi-siècle, à percevoir l'impôt que le fisc prélève sur les maladies.

Il ne faut pas troubler par d'importuns aveux, l'heureuse quiétude du pouvoir et des malades. Si, de nos jours, la médecine est plus nuisible qu'utile, que de nouvelles charges soient imposées à ses ministres, ils seront moins nombreux ; et, d'ailleurs, l'accroissement de la population n'est-il pas déjà trop rapide ?

En France, 34,494,875 ames : augmentation, en vingt ans, 7 millions, plus de 1 million en trois ans, et vous prouvez qu'à Dinan la mortalité proportionnelle est diminuée de plus d'un tiers.

Aux raisonnements, aux fins de non-recevoir qu'aujourd'hui encore on oppose à une institution conçue évidemment et uniquement dans l'intérêt de l'humanité, je crois devoir répliquer.

Des droits sur la vie des hommes n'ont pu être concédés, ils n'ont pu s'acquérir par possession, et présenter des médecins comme dignes de la confiance publique, ce n'est pas commander cette confiance, ce n'est pas s'opposer à la liberté du choix.

La crainte de faire des mécontents, de perdre un million perçu sur les maladies, sur des malheureux que le sort a frappé, ne peut retenir un gouvernement fort et vraiment paternel. La plupart des maladies sont dues à des accidents ; à des privations, souvent à des travaux excessifs. L'état, enrichi par ces travaux, loin d'ajouter au malheur, de frapper les victimes, devrait les aider, leur faire donner des secours à domicile : il le devrait même dans l'intérêt du fisc (A).

Sans ajouter aux charges individuelles, lorsque la population augmente, l'impôt indirect est toujours croissant. Un million de Français, conservés à la vie, paierait à l'état, en objets de consommation et d'industrie, plus de 20 millions par an, moitié plus que ne coûteraient des médecins rétribués à raison de leurs succès.

L'homme dont l'éducation a été soignée, s'il est doué d'un jugement sain, dans Paris, dans une grande ville, trouve aisément des médecins dignes de sa confiance : malade, il ne leur impose pas ses préventions, il a pour leurs avis une déférence justifiée par des succès réels ; mais le malheureux illettré, manquant de tout, le père de famille n'ayant de ressource que son travail, impatient, et alors toujours facile à tromper, demande des remèdes énergiques, des quitte ou double, il écoute les promesses des industriels qui le recherchent. Toujours il sera leur dupe, leur victime, si l'autorité ne vient éclairer sa confiance, si elle oublie qu'il est entre les hommes une sorte de solidarité. Le bonheur que nous appelons tous, n'a point été recherché à sa source, il se trouvera dans le bien-être de la société entière.

Là où se faire une position, améliorer celle qu'on s'est faite, est la pensée unique, là où la faveur s'attache presque toujours au nom, à la fortune, il n'est point à nos misères de compensations suffisantes ; une louable et noble émulation n'est point convenablement excitée, et la faim est un supplice que souvent l'espérance ne vient point adoucir.

L'ennui, les maladies de l'ennui, de la bonne chère, de l'abus des jouissances s'attachent aux protégés de la fortune, et ne les quittent jamais. Leur existence serait prolongée et embellie s'ils partageaient les travaux auxquels les malheureux succombent.

Lorsque toutes les sciences, toutes les professions, toutes les industries, tous les arts utiles seront convenablement protégés, encouragés, chacun en se casant selon ses goûts et son aptitude, concourra à la prospérité commune : tous les besoins seront satisfaits. Des bras vigoureux, sagement dirigés, obtiendront, en France, des produits doubles de la consommation actuelle. De vastes colonies nous sont ouvertes, si elles ne suffisaient plus à nos besoins, sans doute l'accroissement de la population devrait être entravé, mais aisément il le serait sans blesser la morale, sans invoquer la mort.

Une nation grande, la France heureuse sera attachée à ses institutions, à ses rois. Elle ne craindra point les peuples qui l'entourent. Réduire alors et sans danger ses charges militaires, perfectionner ses institutions civiles, encourager les sciences, les arts, spécialement l'agriculture ; ce sera tarir la source de larmes abondantes et de nos jours bien amères.

La philanthropie, si belle, si séduisante dans les livres, pénétrera dans les cœurs ; on ne lira plus, dans des essais de philosophie, cet aveu pénible, ce tableau des habitudes, des mœurs de notre siècle : « Se faire une position, améliorer celle qu'on s'est faite ; voilà aujourd'hui le but et la règle. » Le comte de Remusat.

Non ! l'homme n'a point été et il ne sera point toujours le même. La pensée d'un avenir meilleur n'est point une utopie, un beau rêve.

De même que les habitudes anti-physiologiques altèrent la santé, déterminent les maladies, de même les institutions, les lois font les mœurs, font les hommes.

Dans les riches contrées qui virent naître les arts, fleurir les sciences, créer des chef-d'œuvres encore inimités, des peuplades malheureuses, errantes, contemplent sans les admirer les ruines majestueuses des cités qu'élevèrent leurs ancêtres. — Encore plus arriérées en civilisation, d'autres peuplades recherchent avec ardeur, et immolent sans frémir, les victimes humaines qui doivent satisfaire leurs appétits barbares.

Non! les hommes n'ont point été, ils ne seront point toujours les mêmes. Si nous sommes faibles, souffrants et corrompus, c'est que les corrupteurs n'ont pas été suffisamment signalés, stigmatisés, éloignés du pouvoir. C'est que le pouvoir, trop détaché des masses, n'en peut étudier les habitudes et les besoins; c'est qu'auprès de lui les ambitieux et les flatteurs, toujours aux postes avancés, étouffent les voix amies, et, dans leurs intérêts, ressèrent les chaînes que toujours les princes sages ont voulu briser. « Les hommes, sous le despotisme, nés dans la langueur et dans la misère, dans l'ignorance ou les préjugés du gouvernement, se sont vus détruire souvent sans sentir les causes de leur destruction. »
Montesquieu, Esprit des Lois.

Ah! marchons dans une voie meilleure; marchons vite : aucun intérêt réel et justement acquis ne sera sacrifié au bonheur de tous, à notre régénération morale et politique.

Sous une bonne législation sanitaire, une plus grande force physique nous rendra plus aptes à supporter les peines morales, et la douleur n'étant point un attribut essentiel à notre organisation, la mort, après une longue carrière, après une heureuse existence, rappellera presque toujours le fruit tombant à sa maturité : « *Quasi poma ex arboribus cruda si sint, vi evelluntur; si matura et cocta decidunt.* »
Cicero, de Senectute.

Si ce n'est dans les villes, les médecins, sous nos institutions, ne peuvent être convenablement indemnisés des études dangereuses, longues et dispendieuses auxquelles ils se livrent; des veilles, des exercices pénibles auxquels ils sont assujettis; des charges que l'état leur impose, et ajouter à ces charges, rendre plus difficiles les abords d'une science qu'il faudrait, autant qu'il est possible, rendre populaire; c'est, après avoir écarté les plus dignes, les plus riches candidats, par une concurrence que désavouent la raison et la morale, déterminer la ruine des autres, les obliger à rechercher, par toute voie, un bien-être que leur fortune, mieux placée, pouvait leur procurer; c'est laisser sans défense contre les charlatans et les empiriques les malheureux habitants des campagnes et les illettrés des villes.

Les médecins qui jouissent de quelque réputation, et dont la moralité et l'aptitude sont généralement reconnues, suffiraient à peine pour les besoins des cantons ruraux et de nos villes, divisées en sections médicales de 5 à 6 mille ames.

Plusieurs des plus dignes, des plus justement célèbres dans la capitale, m'ont laissé entrevoir des inquiétudes personnelles sur l'application des pensées que j'ai émises. — Ils ont une clientelle suffisante et dans un âge déjà avancé, pleins de délicatesse, ils n'aimeraient pas à solliciter des places : ils pourraient être oubliés.

Non, des hommes comme eux, d'un mérite remarquable, exceptionnel, si les médecins étaient jugés par leurs pairs, par leurs œuvres, ne seraient point oubliés. Un des millions employés à l'encouragement des arts frivoles, au paiement des sinécures, suffirait à leurs besoins. Une honorable retraite serait assurée à ceux auxquels le repos est devenu nécessaire ; les autres, entourés d'une grande considération, sous le titre de médecins honoraires, inspireraient une grande confiance, et, ne recherchant point des malades particuliers, l'envie ne s'attacherait point à leurs pas. Appelés par les médecins ordinaires, ils porteraient dans la capitale, et souvent de la capitale dans les départements, les fruits de leurs profondes études, de leur expérience raisonnée.

En constatant, à la demande de l'adminisiration, la nature des constitutions épidémiques, lorsque la mortalité serait plus qu'ordinaire, ils seraient les appuis des médecins cantonnaux, dont ils recueilleraient les observations. Bientôt ils réuniraient les éléments d'un code de médecine que, sous nos institutions, on ne peut espérer.

Les jeunes médecins, les officiers de santé et les autres membres du corps médical qui ne seraient pas désignés à la confiance publique, exerceraient, conformément à leurs titres, ou, en s'attachant aux médecins cantonnaux, sous leur direction, ils se formeraient à une pratique heureuse.

La médecine, bientôt posée sur un fond inébranlable, n'offrirait plus le spectacle scandaleux d'une polémique acerbe qui la deconsidére, et peut faire naître des doutes sur son utilité. Qu'il soit donc répété, s'il le faut qu'il soit crié sur les toits : le nécrologe seul peut rectifier les idées populaires, confondre les hableurs ignorants ou ambitieux, célébrant sans cesse leurs méthodes infaillibles ; affirmant que dans telle maladie grave, sur cent, sur plusieurs cents malades soumis à leurs soins, aucun n'est mort. — Qu'ils soient jugés, non sur leurs dires, mais sur des faits authentiques, sur des résultats généraux, sur l'ensemble de leur pratique.

Une profonde conviction a pu seule me déterminer à rappeler encore mes observations, et devant rester étranger aux institutions que je propose, j'ai pu, j'ai du être très-explicite sur les encouragements à donner, sur le vice de nos institutions et sur les moyens de fixer, en l'éclairant, la confiance des malades.

Que des fonctions éminentes, des distinctions honorables soient le prix d'un dévouement constaté par d'utiles institutions, par l'amélioration des mœurs, la diminution des décès : on verra entrer dans

la carrière médicale des hommes également distingués par leur fortune, leur esprit, leurs vertus sociales, on verra toujours entre eux
une louable émulation : les ministres de la santé seront souvent
des Lagaraye *(B)*.

La sollicitude auprès des hommes qui souffrent, étant toujours
honorable, nos Rois eux-mêmes, inspecteurs nés du service sanitaire, se feront, comme la Reine d'Angleterre, agréger dans les
académies. Aisément ils acquerront alors des titres à une gloire
réelle, à la reconnaissance, à l'amour du peuple; et, dans la diminution des décès, dans le souvenir des victoires qu'ils auront
fait remporter snr la mort, ils trouveront la plus pure, la plus
douce, la plus durable des jouissances.

Malgré l'opposition encore triomphante des intérêts personnels,
malgré les Malthus et autres apôtres de la dépopulation, la science
dont l'objet est l'étude de la nature, de nos facultés physiques et
intellectuelles, de nos besoins, de nos passions ne tardera pas à exercer
une grande et salutaire influence sur les mœurs, la santé, la vie,
le bonheur des individus; sur la force, la richesse, la grandeur
des nations.

Les plaintes amères, les justes accusations que, depuis vingt
siècles, les médecins reproduisent, ne seront plus oubliées.

Enfin, si dire au public et au pouvoir ce qu'on juge la vérité,
c'est dans tous les temps un devoir; si l'honnête homme, pour la
faire connaître, doit oublier ses intérêts, ses goûts, se livrer à des
recherches fastidieuses, à des travaux pénibles, publier, répéter dix
fois, vingt fois les faits qui l'appuient; sans doute c'est aussi
pour l'homme d'état un devoir d'en faire d'utiles applications, de
ne pas oublier les pensées qui l'ont fait appeler au pouvoir. C'est
un devoir impérieux, lorsqu'il lui est démontré par des chiffres,
que la santé, la vie des citoyens, auxquels il a juré de consacrer
ses veilles, sont gravement compromises : lui rappeler ce devoir,
c'est le droit de tous les Français; c'est le devoir de tous ceux
dont la voix est assez forte pour qu'il l'entende *(C)*.

(*A*) La médecine, même en France, fut long-temps considérée, non-seulement comme une profession libérale, mais comme une science des plus importantes à la société. Ses ministres alors étaient traités et considérés comme les
hommes de lettres, comme les jurisconsultes. Loin de leur imposer des charges
pour les soins qu'ils donnaient aux malades, les charges communes étaient
allégées pour eux.

Chose remarquable, et que la postérité signalera comme une tache dans
les grands souvenirs de notre siècle. Les intérêts moraux y ont été sacrifiés
aux intérêts matériels et politiques.

Ce ne sont pas seulement les peintres, les graveurs, les sculpteurs, les
lithochromes, les lithographes, les maîtres de musique, de dessin que l'on
dispense, comme exerçant des professions libérales, de l'impôt perçu sur

l'industrie ; ce sont les maîtres de danse, d'escrime, les comédiens : et ce n'est qu'en *hésitant* que l'on propose d'en dispenser les avocats. — Quelqu'u-tile que soit leur profession, s'ils ne formaient pas un corps nombreux et toujours prêt à se défendre, hésiterait-on à les classer, avec les autres professions scientifiques, avec les avoués, les notaires, les médecins, comme exerçant une industrie moins importante à l'état, moins libérale que celle de comédien, de maître d'escrime, de danse?

« La politique ne favorise point les grandes passions, celles surtout qui naissent du désir de la gloire, elle les craint : c'est la volupté, l'avarice, la vanité, c'est l'esprit subtil, ce sont les arts frivoles, la ruse, l'adresse jus-qu'à la perfidie : voilà les instruments qu'elle emploie dans le grand art de gou-verner les états. — Peut-on s'étonner que, corrompus nous-mêmes, nous ne puissions donner l'existence à des êtres de meilleure trempe? »

Annales de statistique. Pensées sur la longévité.

Si des médecins vraiment dignes sont restés dans la carrière, après que les illusions dont ils s'étaient bercés ont été dissipées par l'expérience, c'est que leur zèle et leur courage ont été jusqu'ici soutenus par l'espoir que tôt ou tard les décès seront comptés ; que les empiriques et les charlatans seront appréciés, et qu'alors des vieillards, des centenaires iront sur leur tombe effacer les taches dont leur mémoire aura été injustement ternie.

Qu'ils quittent : d'autres se présenteront — Sans doute, mais que les mé-decins instruits et probes cessent de parler à la raison de leurs concitoyens sur les véritables intérêts de la santé, le résultat peut être aisément prévu. Je ne puis trop le rappeler : dans les années 1813 et 14, pendant lesquelles on n'observa point de maladies épidémiques, dans l'arrondissement de Dinan, les décès furent, dans les communes où l'on trouvait des officines, des em-piriques patentés, 1 sur 37 ; et seulement 1 sur 43 dans celles où il était plus difficile d'abuser des remèdes.

Mille autres faits prouvent la funeste influence de la médecine symptó-matique. — L'utilité des médecins en général n'est pas moins bien prouvée.

A Paris, les docteurs en médecine sont presque seuls appelés auprès des malades. C'est sur leur indication que dans les dispensaires les secours sont donnés aux pauvres.

Dans le premier arrondissement, où se trouve dans une grande proportion la classe lettrée, la plus capable de juger les médecins et leurs doctrines : décès, 1 sur 52 habitants.

Dans le douzième arrondissement, on trouve moins d'aisance, moins d'ins-truction, conséquemment plus de préjugés : décès, 1 sur 26 habitants.

On a calculé que dans le 16ᵉ siècle, la moyenne de la mortalité était à Paris, 1 sur 17. *Revue des deux Mondes, octobre 1842.*

En province, il y a 50 ans, les chirurgiens, les pharmaciens et les reli-gieuses étaient seuls appelés, dans les circonstances ordinaires. Les médecins n'étaient guère consultés que pour les personnes riches et pour les maladies devenues incurables. Daus l'arrondissement de Dinan, on en comptait au plus 1 pour 20,000 habitants.

Population à Dinan, il y a 50 ans, environ 6 mille ; en l'an 12, 6,406 ; en 1841, population fixe 7,533, population variable, 5 à 600, la plupart anglais, étudiants des deux sexes, en 8 pensionnats et colléges, ouvriers non domiciliés.... En 1831, le tableau de population était 8,144. On ignore la différence de 1831 à 1836. L'accroissement est de 177 de 1836 à 1841.

Beaucoup d'ouvriers, occupés à la filature et à la fabrication des toiles, et des cotons dits de Dinan, commerce autrefois important, sont sans ouvrage. Ne pouvant nourrir une famille, ils ne se marient pas, quittent, ou éprou-vent des privations qui abrégent leur existence.

Décès comparés en 1840, —Années choisies uniquement parce qu'elles sont correspondantes, après un demi-siècle.

En 1786, 87, 88 et 89......856=1 sur 28 habitants.
En 1836, 37, 38 et 39...-..760=1 sur 42.

Si de l'an 1 à l'an 12, on retire l'an 12 et l'an 6, comme années de la plus grande et de la moindre mortalité, il reste pour les 10 autres 2,599: moyenne, chaque année, =259, 1 sur 25.

En l'an 12.............463=1 sur 13.

Pendant ces années, l'anarchie médicale en France était complette. Pour être médecin, chirurgien, officier de santé et pharmacien, il suffisait de prendre patente.

A la fin de l'an 13, j'habitai Dinan, j'y publiai mes premières observations sur l'abus des remèdes, sur l'utilité de la médecine physiologique : j'y fondai un dispensaire pour les indigents malades.

Avaient vécu, dans les années 1786, 87, 88, et 89, à l'âge de 10 ans, = la moitié, à l'âge de 58 ans, = le quart, à 86 ans, = 1 sur 65.

— Dans les années 1836, 37, 38, et 39, à l'âge de 39 ans, = la moitié, à l'âge de 67 ans, = le quart, à 86 ans = 1 sur 42.

Décès à Dinan, en 1840 = 228, en 1841 = 218. Enregistrés, à Dinan, en 1842 = 192. Savoir 3 dinannais décédés hors commune, reste 189 — morts-nés =18, de 0 âge à un an = 20, de 1 an à 10 = 30, total 68 — Beaucoup d'enfants étrangers à la ville y sont déposés; et dans la classe peu fortunée, si l'on consulte les médecins pour les malades du premier âge, c'est ordinairement lorsqu'il reste peu d'espoir.

Morts de 10 à 60 ans = 63, de 60 à 70 ans = 20, de 70 à 80 = 25, de 80 à 90 = 12, à l'âge de 98 ans = 1.

Ainsi sur 189 décès, compris les étrangers, les morts accidentelles, les morts-nés, ont vécu plus de 60 ans= 58. près du tiers — Morts âgés de 86 ans, 5 = 1 sur 37. — Une femme a vécu près d'un siècle.

A l'époque où Buffon écrivait, avaient vécu, à l'âge de 8 ans, = la moitié, de 51 ans, = le quart, de 86 ans, = 1 sur 103.

(B) Le comte de La Garaye, fils du gouverneur de Dinan, fonda dans cette ville un hospice, pour les vieillards et les infirmes, et une maison de sœurs de la Sagesse, pour secourir et instruire les pauvres.

Né dans une position où l'on peut se promettre toutes les jouissances du monde, il se livra à ces jouissances passagères; mais, jeune encore, reconnaissant qu'il est des plaisirs plus purs, plus durables, et voulant consacrer sa vie et sa fortune à la bienfaisance, pendant plusieurs années il étudia la médecine à Paris et à Montpellier.

Ses principaux écrits imprimés furent un traité du prognostic et plusieurs mémoires sur la chimie, dans lesquels il fit connaître de nouvelles et utiles préparations, spécialement celle du quinquina, appelée sel de La Garaye.

Pendant sa longue carrière, il procura aux indigents laborieux les moyens de satisfaire leurs besoins, et son château devint un hôpital, une école de médecine où mon père et beaucoup d'autres étudiants apprirent combien peut être heureuse la pratique d'un homme inspirant la confiance, la commandant en quelque sorte par sa haute position, lorsqu'il est né avec le génie médical, lorsqu'il n'a qu'une pensée, qu'un vœu : la guérison des malades confiés à ses soins.

Sa vie a été écrite par un témoin de ses bienfaits, et Mme de Genlis, dans Adèle et Théodore, le juge : « l'homme le plus étonnant, le plus digne d'être admiré, et le plus heureux qui fût sur la terre. »   (*Lettre XXVe.*)

Ne serait-il pas dans l'intérêt de la société que des honneurs publics fussent rendus à tous les hommes d'un mérite distingué, mais surtout aux vertus modestes ? Ne serait-il pas juste et moral de rappeler, par un monument durable, ces mots que répéta long-temps et distinctement un écho paraissant s'élever des ruines encore majestueuses du château de La Garaye : LA BIENFAISANCE REND IMMORTEL !

Dinan a honoré la mémoire de ceux de ses compatriotes qui se sont distingnés dans les combats : les DUGUESCLIN, les BEAUMANOIR.

On n'y a point oublié que de ses colléges sont sortis plusieurs des grandes célébrités de notre époque : les auteurs du GÉNIE DU CHRISTIANISME, de l'INDIFFÉRENCE EN MATIÈRE DE RELIGION, de l'HISTOIRE DES PHLÉGMASIES CHRONIQUES.

Sur l'une des promenades qui entourent les anciennes fortifications de cette ville, promenades qu'elle doit à un de ses enfants, à un de ses maires, l'académicien DUCLOS, un marbre, couronnant un beau granit, retrace les traits de ce savant historiographe.

De nouveaux monuments, de nouvelles illustrations ne pourraient qu'ajouter à l'intérêt qu'inspirent, à Dinan, des sites beaux et variés; une position des plus pittoresque sur une rivière que la mer en s'élevant rend toujours navigable.   (Voyez *Eaux Minérales de Dinan*, 1824.)

(*C*) La nature travaille, on la trouble souvent sous prétexte de l'aider.
(HALLÉ, *Prof. à la faculté de Paris.*)

La fureur de traiter les maladies en faisant prendre drogues sur drogues, ayant gagné les têtes ordinaires, les médecins sont aujourd'hui plus nécessaires pour les empêcher et les défendre que pour les ordonner.
(DESGENETTES, *Prof. à la faculté de Paris.*)

On ne peut voir sans horreur que les législateurs qui sont entrés dans les détails les plus minutieux pour établir les limites d'un champ, pour assurer la plus petite clause d'un contrat, n'aient pris que quelques dispositions vagues, inutiles ou inexécutables pour la responsabilité de ceux qui tiennent dans leurs mains notre propre existence ; de manière qu'il est vrai de dire qu'aujourd'hui, comme il y a trois mille ans, tout est garanti dans la société excepté la vie des hommes, et qu'il existe un despote le plus absolu qui fut jamais, lequel exerce son pouvoir tyrannique sur les rois, sur les princes, sur les militaires et sur les peuples, sans aucun frein et sans avoir ni juges ni inspecteurs : c'est le charlatanisme. Il est temps que le législateur daigne s'occuper d'un désordre aussi extraordinaire par une loi que réclament en vain depuis long-temps la justice, la politique et l'humanité : c'est à un médecin même qu'il appartient de divulguer un abus aussi criant.
(VORDONI, *Journal de l'Académie de Médecine.*)

Profondément indigné, Stoll a dit : Nescio an morbi ipsi qui in populum sæviunt, an verò ii qui artem quam non addicere, illotis manibus tractant numerosiores strages edant.   (*Ratio medendi.*)

Hi tragediarum actoribus maximè similes videntur. Quemadmodum enim illi figuram quidem et habitum ac personam eorum quos referunt habent, illi ipsi autem verè non sunt. Sic et medici fama quidem et nomine multi, re autem et opere valdè pauci.   (HIPPOCRATE)

J'ai toujours reconnu et proclamé le courage, le désintéressement et l'aptitude des médecins en général. J'ai secondé leur zèle, leurs efforts, et, tout en déplorant la funeste pratique de quelques-uns, je me suis, autant qu'il m'a été possible, abstenu de les désigner.

Je n'ai pas même nommé un chirurgien qui, depuis quelques années, après les avoir méditées pendant 8 ou 10 mois, lance contre moi de petites pages bien méchantes.

Je ne le suivrai point dans une voie étrangère à mes habitudes; mais chargé de veiller, dans l'arrondissement, à la santé publique, et sachant que la plupart des hommes ne jugent les doctrines médicales que sur des apparences bien trompeuses, je dois, dans les moments où l'attention est excitée, la fixer sur les erreurs dangereuses.

Plus qu'ils ne le pensent, les adversaires de la médecine vraiment physiologique ont travaillé dans l'intérêt de l'humanité et de la science.

Mes écrits, en réponse à leurs publications, ont été très-répandus, plusieurs aux frais de l'administration; et la doctrine que j'ai exposée, ayant eu pour appui l'assentiment des sociétés savantes, a trouvé dans la classe lettrée de nombreux propagateurs : elle est devenue en quelque sorte populaire et l'abus des remèdes est chaque jour moins fréquent.

Les registres de l'état civil prouvent que depuis quarante ans la vie humaine est presque doublée à Dinan. La mort y suspend ses coups, mais me faire dire qu'il est aisé de ne laisser mourir aucun malade, est une pensée à laquelle je ne dois pas de réponse.

Il est des constitutions faibles; il est des individus, des familles dont l'organisation primitive, innée, peut seule expliquer la fatalité qui les poursuit; il est des malades si peu disposés à suivre les traitements qui leur sont prescrits, à éviter, avec la constance nécessaire, les imprudences par lesquelles leur santé a été altérée; il en est d'autres dont la sensibilité est tellement développée, dont le moral est tellement affecté, que les soins les plus assidus, les conseils les plus rationnels ne peuvent que retarder leur fin prématurée.

On n'en doit pas moins rechercher quelle est la médication la plus généralement heureuse, et se mettre en garde contre celles dont les funestes effets sont incontestables et démontrés par des chiffres : « A travers les systèmes et les opinions qui se sont succédé ne médecine, et qui laissent souvent les esprits superficiels dans un état de flactuation et d'incertitude sur l'efficacité des remèdes et les principes du traitement, il y a un objet fondamental, a dit le professeur Pinel, sur lequel le médecin dégagé de toute prévention peut toujours se fixer; c'est de porter une attention particulière au nécrologe. — Un rapport décroissant de mortalité n'est-il pas un témoignage irréfragable que donne la médecine de ses principes et de sa dignité. »

La statistique qu'invoque ici le savant et judicieux auteur de la Nosographie philosophique, est l'étude du rapport entre les populations et les décès, et non cette statistique justement réprouvée, essentiellement trompeuse, fondée sur des observations particulières.

Presque toutes ces observations ont été recueillies, publiées et modifiées pour servir d'appui à des idées préconçues, souvent à des systèmes dangereux et contradictoires.

Depuis qu'il est bien prouvé que l'usage des saignées, des vomitifs et des purgatifs est rarement nécessaire, et que, loin de prévenir les maladies, souvent il les aggrave, les prolonge et dispose aux rechutes, les malades, moins inquiets et plus promptement guéris, croient ne devoir que de bien faibles témoignages de reconnaissance aux médecins qni, plus que jamais, se trouvent dans une position difficile.

Ayant toujours l'espoir d'une grande et prochaine amélioration sociale, dans mes écrits, tous adressés à l'autorité, aux médecins et officiers de santé de l'arrondissement, aux principales sociétés savantes, j'ai fait connaître, j'ose dire avec décence, toujours avec franchise, mes pensées sur les questions médicales, agricoles, morales et politiques qui m'ont paphrues importantes.

« M. Bigeon, dit M. G**, écrit beaucoup, mais ordinairement il ne répond verbalement que par monosyllabes et encore rarement. »

Je crains, en effet, d'émettre des opinions douteuses, et surtout de porter, contre les personnes, des jugements sévères. De cette réserve, de cette circonspection, peut-on m'en faire un reproche ? — On ne l'adresse point aux charlatans.

M. G**, si vous parliez moins, peut-être penseriez-vous mieux. Vous reconnaîtriez alors qu'il est des mots, des méchancetés que nos mœurs repoussent, et dont les honnêtes gens s'indignent. Vous reconnaîtriez qu'il vous est impossible de vous maintenir sur le terrain où l'on vous a placé; que c'est vous, lorsque je n'y pensais pas le moins du monde, qui m'avez violemment attaqué : — vous oublié toutes les convenances (*D*).

Combattre des préjugés, et surtout de grands intérêts, sous nos institutions médicales, c'est, se faire des ennemis nombreux et actifs. Les Stalh, les Pinel, et tant d'autres, furent assaillis, déchirés, aussitôt qu'affranchis des préventions vulgaires, ils en eurent dénoncé les fauteurs; aussitôt qu'ils adoptèrent pour devise : *Expecta!* Dans le doute, abstenez-vous des remèdes violents.

Je connus, dès mon entrée dans la carrière, le cynisme de leurs accusateurs, et pour éviter toute discussion, en dehors des intérêts de la science, j'ai négligé mes intérêts particuliers, je n'ai pas profité d'un avenir qui se montrait sous de belles couleurs. J'ai cédé souvent à des prétentions illégitimes et injustes. Ma tolérance a été un encouragement.

Des chagrins, des veilles, des études prolongées, des exercices bien pénibles, les ans ont affaiblis mes facultés physiques, à vous en croire, plus encore mes facultés morales, et c'est ce moment, M. G**, que vous choisissez pour vos attaques, pour donner le coup de pied !

Sans doute, il n'est point, sur la terre que nous habitons, de bonheur parfait : les succès et les revers, les jouissances et les peines se succèdent; mais le souvenir de l'accomplissement de ses devoirs rend les peines supportables, tandis que des souvenirs contraires empoisonnent même les jouissances, et font promptement oublier les succès. Souvenez-vous que le mensonge peut ne pas atteindre l'homme sans reproche, mais que toujours la vérité blesse, lorsqu'elle est accusatrice.

« La chirurgie est, dites-vous, le complément de l'art de guérir. — On peut toujours être médecin, vaille que vaille, M. Bigeon le sait mieux que personne, mais n'est pas chirurgien qui veut. »

M. G**, des mots qui diffèrent essentiellement par leur étymologie et qui rappellent, depuis vingt siècles, des professions différentes, ne peuvent, dans notre langue et surtout dans nos lois, être considérés comme synonimes.

« Le candidat, dites-vous, est libre de prendre le titre qui lui convient. » Non, le candidat, avant l'examen, demande le titre qu'il croit pouvoir obtenir. Le médecin, interrogé sur toutes les parties de la médecine, acquiert le droit de les exercer toutes.

Le chirurgien fait constater qu'il réunit aux connaissances nécessaires pour la pratique des opérations, quelques notions relatives au traitement des maladies internes, et, comme l'officier de santé et la religieuse, il peut traiter ces maladies, sans être soumis à une responsabilité légale : c'est une tolérance.

Les médecins ne peuvent voir tous les malades; et, avant que l'on se fût livré à l'étude de la statistique sur de grandes masses d'habitants, nos législateurs ignoraient que des demi-connaissances, en médecine, inspirent une confiance dangereuse et souvent bien funeste.

« N'est pas chirurgien qui veut. » — Il faut, dans votre pensée, M. G**, une organisation spéciale, héréditaire.

La réputation qui vous a précédée, et à laquelle vous devez celle dont vous avez joui, prouve qu'en effet, sans avoir étudié aucune partie de la médecine, on peut devenir une célébrité pour le replacement des os. — Vous êtes né chirurgien, pour le replacement des os. — Soit, mais avouez que voulant exercer la médecine, avoir seulement demandé le titre de chirurgien, c'est avoir implicitement reconnu que vous ne pouviez obtenir celui auquel, dans tous les temps, on a attaché la première considération, celui qui, aux yeux de tout le monde, est une présomption d'aptitude à exercer indistinctement la médecine et la chirurgie.

Le médecin, qui a des droits à la confiance, à l'estime, ne se permet jamais des assertions fausses, des dénégations vagues. Ses écrits sont décents, lors même qu'il accuse; et, sachant bien que l'on a abusé de la foi publique, il ne demande pas qu'on le croie sur parole. Ses raisonnements, fondés sur l'étude de nos facultés physiques et intellectuelles, sont appuyés par des faits authentiques, par des recherches utiles, par des suffrages académiques. Une bonne érudition, présentée à propos, prouve que, nourri par l'étude des auteurs les plus recommandables, il ne peut être séduit par des ambitieux et des systématiques toujours prêts à faire croire, aux étudiants paresseux, que tout l'essentiel de la pratique de la médecine se réduit à l'application d'un ou deux préceptes qu'ils enseignent; toujours prêts à flatter les malades d'une guérison prompte, s'ils recourent aux remèdes violents, aux remèdes que l'ignorance et la mauvaise foi font considérer comme nécessaires pour enlever ce que vulgairement on appelle la cause des maladies, le sang et la bile.

« L'homme du monde, a écrit un de nos plus célèbres médecins, serait bien plus rarement dupe, si, au lieu de raisonner sur une science qu'il n'a point étudiée, il jugeait les médecins d'après leur conduite dans les affaires ordinaires de la vie. »

M. G**, un mot sur celles de vos assertions qui pourraient avoir quelqu'influence sur nos lecteurs.

Plus que vous j'ai reçu, à Dinan, des témoignages de confiance et d'estime. J'y ai visité les médecins, lorsqu'ils ont été malades, et, récemment encore, la veuve du dernier de ceux que nous avons perdu, Mme Robinot, ayant été gravement indisposée, convaincue de l'utilité de mes soins, m'a plusieurs fois fait appeler.

Vous parlez du Docteur Niel. Et bien! *à peine eut-il lu quelques pages de votre 3me pamphlet qu'indigné, il le déchira.*

Ce médecin, entièrement retiré de la pratique de la médecine depuis plusieurs années, et par conséquent étranger à toute rivalité, m'autorise à reproduire la lettre qu'il m'écrivit touchant ma doctrine, avant l'apparition de votre pamphlet. — «..... Vos opinions coïncident avec les doctrines les moins contestées des anciens et des modernes ; elles survivront aux engoûments de la mode et aux paresseuses allures d'une génération médicale plus avide d'argent que de véritable savoir. » Depuis, nos relations ont été directes, et il n'a cessé de me donner des témoignages d'amitié, d'estime et de confiance.

Quatre médecins de Dinan vous ont témoigné de la sympathie, et c'est *tous*, dites-vous. Quoi! nous sommes, à Dinan, dix docteurs en médecine, quatre c'est *tous*. — Parce qu'ils ne vous témoignent pas de la sympathie, parce qu'ils ne sont pas des purgons et de grands saigneurs, les six autres ne sont rien !

Après la mort du D* Delaunay, médecin de l'hôpital, M. Lecoq, administrateur, actuellement juge de paix, me proposa de me présenter à la nomination du gouvernement. Je pouvais ne pas faire dans cet établissement la chirurgie. M. Harouard y était attaché, le chirurgien de mon dispensaire eût pu m'y accompagner ; et d'ailleurs., lorsque je l'ai cru nécessaire, j'ai toujours fait la chirurgie : elle a été l'objet de mes premières études, je l'ai faite à l'armée, après avoir été, par suite d'un concours, attaché, sous Dessault, à l'Hôtel-Dieu de Paris, en 1792. — Je remerciai : j'étais titulaire des deux autres fonctions médicales, les plus importantes de l'arrondissement. Je ne voulais pas exciter la jalousie, en paraissant désirer une place rétribuée et fortement sollicitée.

J'ai déclaré, depuis bien des années, ne plus désirer faire la médecine. Cependant je vois des pauvres, et je suis souvent prié de voir d'autres malades. Lorsque votre dernier écrit a paru, parmi les personnes notables, je traitais MM. : le sous-préfet, le juge de paix, le supérieur du plus nombreux de nos colléges, la supérieure de la plus nombreuse de nos communautés enseignantes. Et, tout récemment, M. le D* Niel, ancien professeur, médecin en chef des hôpitaux de Marseille, auteur justement estimé, venait de réclamer et de recevoir mes conseils dans une indisposition inquiétante. Pourriez-vous citer, parmi vos malades, des hommes aussi capables de vous juger ?

Accusez-vous, si dans les rapports relatifs à l'épidémie de Saint-Solain, 1819, votre véracité est compromise, et s'il est bien prouvé qu'il est dangereux, lorsqu'on est malade, de se confier à des personnes qui, sans être médecins, font la médecine *vaille que vaille*.

On lit dans votre factum du 30 juin 1840 : « Les 13 ou 14 premiers malades furent traités par les toniques, les vésicatoires : il en mourut la moitié. Appelé à cette époque, j'eus recours aux évacuations sanguines ; la mortalité cessa. »

Vous avouez deux décès, l'un au commencement de votre triomphe, l'autre à la fin. Gilles Piel le 19 juin, Marie Guessant le
15 juillet.

Tous les malades étaient dans le même village : à votre arrivée,
le médecin qui les traitait se vit abandonné ; c'est qu'ils suivirent
votre traitement. Les registres de l'état civil constatent 8 décès du
19 juin au 15 juillet, tous dans l'âge adulte, excepté un enfant
de 16 mois. Pendant qu'ils reçurent les soins de votre prédéces-
seur, le D^r P**, du 1er janvier au 19 juin, on ne compta
de] toute maladie, que 7 décès, dans toute la commune, et vous
osez dire, qu'avant votre arrivée, il mourait la moitié des malades et que, sous l'influence des évacuations sanguines, *la mortalité cessa.* — Huit décès en 26 jours. — Sept, en 6 mois !

L'administration, effrayée de votre triomphe, demanda des secours et mes soins. L'épidémie fut aussitôt combattue par une ali-
mentation convenable, des boissons légèrement toniques, des révulsifs appliqués à la peau. On cessa les évacuations sanguines et les
purgatifs. Morts du 15 juillet au 20 août : aucun.

Toutes mes observations de statistique médicale sont également
authentiques. Celles relatives à la dyssenterie des années 1815.,
16 et 17 ont été, dans toutes les communes, attestées par les officiers de santé, les maires et curés, sur des tableaux nominatifs
qu'ils rédigeaient, indiquant l'époque, la durée et le traitement
des maladies.

Plusieurs de ces tableaux ne sont pas moins remarquables que
celui relatif à Trigavoux. *Voyez* pag. 5.

Du 10 au 17 septembre, en sept jours, 6 dyssentériques, dont
5 purgés ou émétisés étaient morts à Trémereuc : il restait 17 malades. Bientôt le quart de la population fut atteint. 83 reçurent des
soins. Morts du 18 septembre au 14 novembre, de toutes maladies, 5. Tous enfants, infirmes ou purgés.

Seulement en 1817, en 15 communes, 1,603 malades furent assez
gravement attaqués pour être inscrits sur le tableau des dyssentériques. — De douloureux souvenirs rappellent cette épidémie : ils
seraient affreux si la méthode empirique eût été constamment suivie.

L'utilité de la médecine démontrée par des faits , page 101.

Vous appelez mes recherches une *monomanie nécrologique* : des
recherches, des études, c'est folie ; et, si les faits vous contrarient, ne
pouvant les nier, vous les présentez sous un jour faux, incidieux.

Le choléra, maladie sur laquelle vous revenez sans cesse, et toujours maladroitement, se manifesta, en 1832, à 8 lieues de Dinan,
à Saint - Cast. M. *** vous écrit « qu'il n'a pas dépensé, pendant la durée de cette épidémie, un seul grain d'émétique et qu'il

n'a saigné qu'une personne. » Il donnait l'ipécacuanha, n'est-ce pas
un émétique? il faisait appliquer des sangsues, n'est-ce pas saigner ?
Au reste, sa déclaration est précieuse : elle annonce un progrès,
elle prouve qu'il ne suivrait pas aujourd'hui le traitement que j'im-
prouvai.

Ma pratique, dit-il, lui parut *toute négative*. Elle n'était négative que des remèdes dont le son funèbre attestait chaque jour la
funeste influence. On fit usage, ajoute-t-il, de stimulants diffusibles les plus énergiques. — Ce fut le traitement que j'indiquai.

Le vomissement presque continuel de sérosités limpides, abondantes, sans goût, sans odeur, mêlées de glaires coagulées ; de violentes coliques, des crampes ; la petitesse, l'imperceptibilité du pouls ;
la teinte plombée, cadavéreuse, un froid glacial..... attestaient que
le cœur était soumis à un spasme violent, que les fluides concen-
trés à l'intérieur ne circulaient plus à la peau. Ces accidents étaient
aggravés par l'ingestion de toute substance irritante.

Les seules boissons indiquées étaient donc des tisanes tiédes, lé-
gères et calmantes, quelquefois apéritives ou sudorifiques.

Les stimulants diffusibles, c'est-à-dire propres à faire se répandre
les fluides du centre à la circonférence, ne pouvaient être utilement
employés qu'à la surface du corps. Ce fut le traitement suivi après
le 8 octobre, et il avait été tellement négligé que presque tous les
malades, violemment agités par la douleur, étaient froids, glacés
dans leurs lits, ou levés presque nuds, dans l'espoir trompeur
de trouver une position moins pénible.

La cessation des stimulants du canal alimentaire et des évacuations
sanguines, l'emploi des remèdes vraiment diffusibles, de la chaleur
artificielle, des stimulants propres à ranimer l'action de la peau
eurent un succès inespéré, on peut dire inoui dans une circonstance aussi grave.

Mais, je le répète, la terminaison de l'épidémie n'eût pas été en
quelque sorte instantanée, si je n'avais reconnu l'influence morale ;
et, dès mon arrivée, porté à tous les malades, des espérances,
des consolations, la promesse qu'aux privations, à l'abandon qu'ils
éprouvaient allait succéder l'abondance, des couvertures, du linge,
des remèdes, des aliments, les soins des Dames de la Sagesse qui
dès le lendemain se rendirent au village infecté.

M. G**, dans une circonstance aussi difficile, vous seul n'offrîtes
pas de seconder mes efforts, de m'accompagner sur les lieux : et
c'est vous qui avez [dit : « Dans toutes les épidémies qui ont eu lieu
dans notre arrondissement, M. Bigeon a eu soin de n'arriver que
dans le moment du décroissement, le dernier. »

Quoique vous sachiez bien que ce n'est pas moi qui me suis

montré accessible à la peur, cette accusation vague d'arriver le dernier, vous l'avez employée même en parlant du choléra.

Cette épidémie, plusieurs médecins l'ont observée. Six ont concouru aux rapports que j'ai publiés. Elle se manifesta le 28 septembre et parut importée de Bréhat par deux jeunes gens, dont l'un mourut le 29.

En 8 jours, 5 décès. Le 6 octobre, 2, le 7 — 5, le 8 — 6. — Personne n'osait plus rendre aux morts les derniers devoirs : ils furent inhumés par des militaires, après mon arrivée, à 9 heures du soir.

Quoique sérieusement affecté d'un mal de gorge, quoique fatigué par une course de 8 lieues sur de mauvais chemins, ne pouvant aller en voiture au village infecté, distant du bourg d'un tiers de lieue, je m'y rendis à pied, et je passai auprès des malades une grande partie de la nuit.

Le village se composait de 409 habitants plus ou moins malades de la peur ; près de la moitié l'étaient du choléra, un seul était convalescent.

Quoiqu'un grand nombre parussent alors sans espoir, dans la nuit et le lendemain 9 octobre, on ne compta que 6 décès. Six autres décès eurent lieu dans les trois jours suivants ; un seul dans la semaine qui leur succéda.

Les malades assez gravement affectés pour être portés sur le tableau des secours, furent atteints — 17 du 28 septembre au 6 octobre ; le 6 octobre — 15 ; le 7 — 20 ; le 8 — 23 ; le 9 — 13 ; le 10 — 9 ; le 11 — 5 ; le 12 — 4 = 106,

Morts le jour de l'invasion 2 ; le 2me jour — 15 ; le 3^{mr} 4 ; le 4me — 6 ; le 5me — 2 ; le 6me — 1.

Morts âgés de 4 ans — 1 ; de 10 à 20 ans — 4, de 20 à 50 ans — 8 ; de 50 à 70 ans — 11 ; de 70 à 83 ans — 6.

Le 8 octobre est le jour du plus grand nombre d'invasions et du plus grand nombre de décès. La correspondance était effrayante. Le choléra frappait de mort presqu'instantanément ses victimes. Est-ce ainsi qu'ordinairement il annonce sa retraite ? Est-ce ainsi qu'il s'est terminé dans la petite île voisine, Bréhat, arrondissement de Saint-Brieuc ? — A quelques jours près, même époque d'invasion, marche plus lente, moins effrayante, même position avancée sur la mer, même aridité du sol, même moyen d'existence, la pêche, mêmes secours de l'administration. A Bréhat, durée de l'épidémie : plus de deux mois ; morts avant le 24 novembre : 118.

« Votre correspondant ne sait, dit-il, *en vérité* où j'ai puisé mes renseignements pour des chiffres aussi précis. » — En vérité, il a perdu la mémoire. Il croit « avoir passé 23 jours et plusieurs nuits au milieu des malades, » dans une épidémie qui dès le 12ᵐᵉ jour cessa d'être inquiétante, et qui ne fut très-meurtrière que pendant 3 jours. Il a aussi oublié qu'il m'a été remis un tableau fait sur les lieux, en ma présence, par deux médecins, M. le Dʳ Beslay tenant la plume, contenant le nom, le sexe, l'âge, le traitement de tous les malades, l'invasion et la terminaison de la maladie. 16 cholériques, dont 6 étaient morts, avaient pris des vomitifs. 15, dont 7 étaient morts, avaient été saignés ou avaient eu des sangsues.

Les malades, ainsi traités, étaient âgés de moins de 59 ans, ils étaient des mieux constitués, dans l'âge adulte, et généralement à l'aise : conséquemment dans les circonstances les plus favorables. Seraient-ils morts s'ils avaient été soumis au traitement *négatif* des remèdes violents et perturbateurs?

Convenez, M. G**, que vous avez écrit et fait écrire comme souvent vous agissez, sans examen, sans réflexion et que si vous aviez des armes contre moi, vous les montreriez. Annoncer des tableaux contraires aux miens, n'en pas citer un chiffre, un mot, c'est reconnaître implicitement l'exactitude des miens.

Convenez que vos certificats et vos lettres, *au moins* aussi honorables que les miens, n'existent pas, même dans votre imagination *(E)* : et cependant un certificat, une lettre d'un médecin honorablement connu, d'une société de médecine, un extrait des registres de l'état civil, contraire à ceux que j'ai publiés, des raisonnements, ou la réfutation des miens feraient plus d'impression, sur un homme judicieux, que mille injures, mille assertions vagues ou insidieuses.

Je ne *flaire* pas un prix Monthyon, et je n'espère pas le témoignage ostensible de la reconnaissance publique, que demanda pour moi M. le Préfet, après les dyssenteries de 1815 et 16.

« M. Bigeon, adjoint au maire de Dinan, électeur du département, médecin des épidémies et inspecteur des eaux minérales, a toujours montré un zèle et un dévouement parfait, quand il a été question de venir au secours de ses concitoyens. Les services qu'il a rendus lui ont donné des droits à la reconnaissance publique..... »

Le comte de SAINT-LUC.

Je ne prends pas la voie qui conduit aux honneurs ; mais je me félicite d'avoir plus que bien d'autres, qui s'en décorent, obtenu une diminution remarquable dans la mortalité.

Vous voulez que je vous cite le nom de quelque personnage éminent qui ait mis son approbation au bas de ma requête au Roi. Je ne demande pas l'approbation des personnages éminents, je demande qu'ils lisent les rapports consignés dans les archives, dans les journaux des sociétés de médecine, dans les lettres, dans les mémoires des médecins honorés et honorables qui ont encouragé mes efforts, qu'ils s'occupent sérieusement de la santé publique, qu'ils s'opposent aux grandes iniquités que depuis vingt siècles les médecins probes et instruits leur dénoncent.

Au reste, les témoignages de reconnaissance peuvent exciter une louable émulation. Heureux l'état où, pour les obtenir, la voie la plus sûre est la plus honorable.

Enfin, j'ai toujours comparé, et toujours je croirai devoir comparer, sous l'influence des diverses médications, le nombre des décès à celui des malades et des populations. Cette comparaison est d'une utilité évidente : les vrais médecins ne peuvent la craindre, et ils l'opposent aux préventions populaires, ils la font connaître aux empiriques de bonne foi, et même, quoique sans espoir de succès, aux charlatans.—« Plus dangereux, a dit le docteur Reynal, Traité d'Hygiène, que le brigand qui attend l'homme au coin d'un bois, et qui, en lui prenant sa bourse, lui laisse la vie, ils devraient être traités comme des ennemis publics. »

En vain on répète à ces hommes incorrigibles : les maladies se declarent ordinairement après plusieurs jours de malaise et de perte de l'appétit, pendant lesquels une diminution de poids annonce une diminution dans la masse de nos fluides.

Nous pesions dix livres, vingt livres de plus et nous nous portions bien, avant que des sueurs mal dirigées, des froids prolongés, des nourritures malsaines, des excès, des affections morales, l'absorption d'un virus, d'un miasme altérât sensiblement notre santé. Comment, après une déplétion souvent bien remarqnable, la quantité absolue du sang pourrait-elle être la cause déterminante des maladies ? Ne serait-il pas plus rationnel de rechercher cette cause dans les altérations qu'il éprouve et dans son inégale répartition ? Le sang, tel qu'il se trouve dans nos vaisseaux rouges, est composé des éléments de la bile, des sucs digestifs, des urines, de la transpiration, de toutes nos humeurs. Ces fluides élémentaires qui parcourent rapidement nos divers systèmes d'organes, ont sur eux une action en quelque sorte spécifique ; ils les excitent convenablement, lorsqu'ils sont dans l'état normal, et ce n'est que dans l'emploi judicieux des moyens propres à rétablir cet état normal que se trouve une médication vraiment utile, vraiment physiologique.

La partie rouge du sang est la moins susceptible d'altération : elle est le principe stimulant, l'élément essentiel de la vie. Elle n'est pas pour un dixième dans la masse de nos humeurs, et elle ne se trouve que dans les gros vaisseaux. L'enlever par la saignée, c'est déterminer la prédominance du système lymphatique, disposer aux congestions, aux altérations humorales, aux inflammations qui en sont la suite ordinaire.

Ce n'est donc qu'avec une grande prudence et rarement que l'on doit recourir aux évacuations sanguines.

La bile est un des principaux agents de la digestion, et c'est moins son abondance que l'altération qu'elle éprouve qui détermine les accidents que l'on appelle bilieux. L'état du sang et la disposition des organes qui secrètent la bile doivent spécialement fixer l'attention des médecins. Tous savent qu'il est dangereux et presque toujours nuisible d'employer à l'intérieur des stimulants énergiques. C'est déterminer sur des organes essentiels à la vie, la révulsion des douleurs catarrhales, rhumatismales, goutteuses, des affections éruptives, qui sont généralement des crises salutaires.

Le vomissement et la diarrhée cèdent aux vomitifs et aux purgatifs. — Oui, lorsque l'irritation est légère; et quoique la maladie ait été aggravée, le malade guérit, après l'usage de ces remèdes; s'il suit un régime convenable, un traitement qui l'eussent guéri plus sûrement, en quelques jours, souvent en quelques heures; mais, lorsque l'inflammation s'est manifestée, tout remède irritant expose aux accidents les plus graves, quoiqu'il fasse disparaître le symptôme auquel on l'oppose.

Un grain d'émétique fait vomir : 50 grains ne produisent ordinairement aucune évacuation; c'est qu'une irritation violente, détermine un resserrement du canal digestif. Toute évacuation devient alors impossible, si ce n'est du sang, des glaires, des sérosités, produits de l'inflammation, au-dessus ou au-dessous du rétrécissement : ce rétrécissement, à la fin des dyssenteries très-aiguës, se manifeste par la sortie de matières quelquefois consistantes, filées, à peine de la grosseur d'un tuyau de plume, et cela après un tenesme, une constipation de plusieurs jours.

Vouloir, avant que l'irritation soit diminuée, avant que le passage soit rétabli, déterminer des évacuations stercorales, c'est pousser dans la partie malade, dans un tube fermé, de nouveaux éléments d'irritation; c'est déterminer une mort prompte, inévitable; c'est faire la médecine empirique, la médecine des symptômes.

On ne peut trop le redire : c'est la cause des maladies qu'il faut rechercher et combattre. Le symptôme est un effet : souvent il annonce une aberration des efforts de la puissance vitale, et il est dangereux d'ajouter à ces aberrations : il ne faut pas seconder les crises, lorsqu'elles se font sur des organes importants à la vie.

Lorsque la maladie n'a point un spécifique connu, aider la nature, c'est rétablir une circulation régulière dans toutes les parties du corps, c'est ainsi que l'on doit provoquer les évacuations insuffisantes ou supprimées et modérer celles qui sont excessives.

Ces propositions ont été exposées et développées dans d'autres écrits, mais long-temps il sera utile de les rappeler, pour prévenir l'espèce de séduction que détermine le mieux-être passager, ordinaire après l'usage, même abusif, des remèdes dont j'ai fait connaître des applications bien malheureuses , bien dignes d'exciter la sollicitude du gouveruement.

(*D*) Comme ses prédécesseurs , M. G** ne prouve rien, si ce n'est que dire des injures est en lui une spécialité.—Des mots qui , répétés sur les tréteaux, font rire les personnes dont il obtient les suffrages : tête de Méduse , brioche, grenouille, écrivain pitoyable, rapsodie, fameux toupet....... lui sont familiers ; et sa conclusion est : M. Bigeon a menti , menti , menti , menti.....

Le style est l'homme même. — Jamais cette pensée de Buffon ne fut plus applicable , et, en écrivant, M. G** savait bien que loin d'user de représailles , je ne dirais pas la vérité toute nue.

(*E*) Que M. G** ne raisonne pas , qu'il redoute les registres de l'état civil, on le conçoit ; mais comment a-t-il osé dire : « Je pourrais publier bon nombre de certificats et de lettres *au moins* aussi honorables que les siens, mais ce sont de ces choses qui flattent et qu'on garde pour soi quand on ne s'appelle pas M. Bigeon. »

L'absence de tout témoignage d'assentiment honorable se cache ici sous le manteau de la modestie. Les savants les plus distingués, ceux même dont le nom retentit dans les deux mondes, aiment à prouver que leurs opinions sont raisonnées, appuyées sur des faits et conformes à celles de leurs plus dignes collègues. Sur des questions controversées , sur des questions qui intéressent la santé, la vie, l'état, ils laissent aux chalatans , aux chefs de secte , la prétention d'être crus sur parole : ils veulent persuader.

A leur exemple, je vais rappeler quelques-uns des témoignages d'assentiment donnés à ma conduite médicale et aux doctrines que j'ai exposées.

Je regrette de ne pouvoir ici exprimer ma reconnaissance à toutes les sociétés de médecine et littéraires, à tous les médecins, à tous les hommes de lettres qui , ayant pris connaissance, souvent à mon insu, de mes observations, ont encouragé mes efforts.

« ..... Le mérite du praticien consiste principalement à avoir évité l'abus des évacuants contre lequel M. Pinel s'est si justement récrié dans l'école de Paris ; abus que l'on sait être avec les remèdes dits de précaution, avec les traitements prétendus préparatoires , avec la routine des remèdes généraux , etc. , au nombre des grandes erreurs de la médeeine symptomatique. «Cette médecine de *superficie ou d'impromptu* se prête à merveille aux idées populaires , au jargon du métier et à la confiance des dupes ; mais elle n'appartient ni à la science , ni à la profession du vrai médecin , du *vir probus medendi peritus.* »

« La médecine que M. Bigeon appelle physiologique, et qui a pour base des différences mieux calculées de l'homme sain et malade, non pas sur une simple apparence symptomatique, mais d'après l'ensemble de tous les phénomènes respectifs, est sans doute la plus difficile à cultiver ; mais c'est aussi celle dont les résultats sont les plus certains, parce qu'elle s'appuie sur les meilleures inductions de la séméiotique, en remontant, le plus possible, des effets aux causes ; seul moyen de mieux connaître et de comparer avec les ressources de la nature le siège du mal, son caractère, ses véritables indications, ses périodes et ses crises. »

Extrait d'un Rapport lu à la Société , aujourd'hui académie royale de médecine , le 19 frimaire an 14, Journal , n° 114, page 155.

Ce fut dix ans plus tard que le Dr Broussais, après avoir reçu mes mémoires, désigna sous le nom de *médecine physiologique* la doctrine qu'avant il appelait *nouvelle doctrine.*

« Comment l'abus de la saignée sape-t-il les fondements de l'économie vivante combien est-il intéressant d'user de ce remède avec prudence ? Ce sont des questions que le médecin de Dinan cherche à mettre à la portée de toutes les classes de lecteurs par des explications très-instructives, en invoquant les autorités classiques les mieux choisies et en s'appuyant de sa propre expérience. Ses observations sont d'accord avec les aveux même de Galien et de Sydenham. M. Bigeon a l'art d'amener en quelque sorte à résipiscence ces deux grands amateurs de la phlébotomie. »

« Il est ennemi des fausses théories et je pense qu'il a bien raison de fronder les idées vulgaires trop accréditées sur certaines affections prétendues bilieuses..... »

» Telle est la doctrine de M. Bigeon et je la crois de toute vérité.....

« Les bons esprits doivent rivaliser entre eux , à l'exemple de M. Bigeon, pour répandre dans les localités qu'ils habitent d'utiles instructions, et parler sans cesse à la raison de leurs concitoyens , sur les véritables intérêts de la santé. »

Autre Rapport fait à la même Société , par son secrétaire , le D. R. de Chamseru.
Journal , sept , 1813 , pag. 61.

« Notre économie ne change point avec nos opinions ; mieux vaudrait être privé de remèdes que d'en abuser. L'un de vos correspondants les plus distingués, médecin vraiment digne de sa noble profession, M. le Dr Bigeon, a vu le nombre des décès augmenter dans l'arrondissement de Dinan , département des Côtes-du-Nord, sous la funeste influence des évacuations sanguines, et je trouve aussi que la mortalité de Paris, d'un sur 33 , est maintenant d'un sur 31 , sans que l'on ait observé d'épidémie dans cette ville. »

Rapport au cercle médical de Paris , par son secrétaire-général , le Dr CHARDEL.
— Annales de cette société , juillet 1822.

« La société de médecine de Caen , jalouse d'associer à ses travaux les hommes éclairés et pleins de zèle pour l'humanité et le bien public, vous a unanimement accordé le titre de correspondant. Elle a reconnu dans vos ouvrages le zèle d'un homme de bien et d'un médecin instruit, également éloigné de toutes opinions exagérées. Elle croit ne pouvoir trop féliciter ceux qui savent se tenir dans une sage réserve et ne point se laisser entraîner par les idées exclusives d'aucune secte médicale. User de tout, n'abuser de rien est un axiôme qui , comme bien d'autres, appartient autant à la médecine qu'à la morale , et que semblent oublier tous les auteurs [systématiques. »

Lettre de M. le Dr LAFOSSE, secrétaire de la Société , 4 mars 1823.

« Malgré les immenses progrès de l'art de guérir , il est encore beaucoup de docteurs dont presque toute la science se borne à saigner et à purger : science déplorable et funeste, contre laquelle s'élève le cri de l'humanité, et qui devrait appeler l'animadversion des lois ! En effet, un purgatif administré sans une nécessité indispensable, et cette nécessité est prodigieusement rare, est un véritable poison. Saigner un individu qui n'a pas un besoin urgent de cette opération, c'est l'assassiner; et combien d'assassinats n'ont-ils pas lieu chaque jour impunément sous l'égide d'un diplôme ?... C'est pour proscrire des abus homicides et rendre à notre profession sa noblesse et son éclat que le Dr L.-F. Bigeon a publié des observations et des réflexions pleines de sagesse et d'autant plus importantes qu'elles ont une base et pour preuve irréfragable une pratique infiniment heureuse. M. Bigeon n'est point un empirique qni , proclamant avec orgueil ses nombreux et brillants succès , rejette la théorie comme superflue ; il puise au contraire dans la physiologie et dans la pathologie les raisonnements qui fondent et confirment son expérience : il invoque le témoignage des hommes les plus célèbres dans les diverses branches de notre art... Il prouve que les évacuations artificielles du sang augmentent la prédominence du système lymphatique, diminuent l'action vitale , s'opposent aux crises et à l'élaboration que les fluides doivent éprouver dans les capillaires.......

« Après avoir réduit à un nombre extrêmement borné les cas qui exigent la saignée, M. Bigeon prouve, par des arguments non moins péremptoires. que les évacuants du canal alimentaire sont peut-être encore plus rarement indiqués. Il me serait difficile de ne pas adopter ce sentiment, lorsque ma propre expérience médicale pendant plus de dix années dans les hôpitaux militaires m'a fourni constamment les mêmes résultats.

« ..... Plus je considère ces sages prescriptions et moins je trouve fondée la critique virulente qu'en fait le D^r ***. Quoi ! parce que M. Bigeon n'administre pas un vomitif dès le début de la dyssenterie la plus simple, on l'accuse d'homicide, bien que la mortalité soit effrayante parmi les personnes confiées à l'accusateur et à ses prosélites ! Le plus grand tort de M. Bigeon est sans doute d'avoir répondu à une diatribe qui méritait plus de pitié que de courroux. » *Journal Univ. des Sciences Méd. sep.* 1816, pag. 361.

« Cette brochure (Lettre sur l'épidémie... par L.-F. Bigeon) est à la fois agréable et instructive et l'on y remarque un sage commentaire de cette pensée de Stoll : Les grandes maladies sont presque toujours l'effet des grands remèdes, des négligences ou des erreurs commises dans le traitement des indispositions. » (MARIE DE SAINT-URSIN, *Gazette de Santé.*)

« ..... Je ne doute pas que cet ouvrage ne vous fasse autant d'ennemis qu'il vous fera d'honneur, parce qu'il attaque la pratique de beaucoup de nos confrères ; mais mais je suis d'avis que l'on montre la vérité toute nue, sans égard aux passions que l'on peut mettre en jeu. »
Le Professeur FOUQUIER, *aujourd'hui premier médecin du Roi,*
Président de l'Académie royale de médecine.

« J'ai reçu la lettre que vous m'avez fait l'honneur de m'écrire et la brochure qui l'accompagnait. Je vous remercie mille fois de cette précieuse communication. J'ai lu votre écrit avec un intérêt extrême..... »
Bon ALIBERT, *premier médecin du Roi.....*

INSTITUT de France. — *Paris*, 14 *décembre* 1818.

L'académie a reçu l'ouvrage que vous avez bien voulu lui adresser et qui est intitulé : *L'utilité de la médecine démontrée par des faits*, etc. Elle me charge de vous remercier de cet écrit intéressant, qu'elle a fait déposer honorablement dans la bibliothèque de l'institut.

Recevez, Monsieur, l'assurance de ma considération la plus distinguée,
Le secrétaire perpétuel, DELOMBRE.

Académie Royale de médecine. — *Paris*, 15 *février* 1841.

L'académie a reçu avec un vif intérêt les nouveaux ouvrages que vous avez bien voulu lui transmettre. Elle en a ordonné le dépôt dans sa bibliothèque et m'a expressément recommandé de vous écrire pour vous témoigner sa gratitude et sa satisfaction.

J'ai l'honneur d'être avec la plus parfaite considération, M. et honoré confrère,
Le secrétaire perpétuel, PARISET.

M. G**, aussi habile que modeste, n'a pas besoin si on l'en croit, d'étudier les bons usages.

Une phrase des plus intelligibles et des plus correctes, de celles qu'il a publiées, fera connaître ce qu'il appelle mentir, sa véracité, sa logique et son style.

» M. Bigeon a *MENTI pour* l'épidémie de St-Samson, si comme il nous l'apprend
» lui-même, il n'a eu besoin pour faire cesser le fléau, que de donner du bouillon,
» de la viande et du vin ; car d'après cela, les malades devaient être dans un
» état de convalescence très-avancé, et cependant il prétend les avoir guéris. »

La réponse à cette accusation se trouve dans ma sixième lettre sur la médecine physiologique, publiée il y a plus d'un an. Notre imprimeur, dans le temps et à la demande de M. G**, lui remit cinq exemplaires de cette lettre

---

DINAN, IMP. DE J.-B. HUART.

A l'autorisation de continuer les secours que je fis donner à Saint-Samson , avant d'être légalement requis , M. le Préfet ajouta un nouveau témoignage de confiance :

Saint-Brieuc , 24 janvier 1841.

« M. le Sous-Préfet , vous êtes en rapport direct avec le médecin des épidémies dont j'apprécie le désintéressement et les sentiments généreux.....

Le Préfet , THIEULLEN.

Epidémie de Saint-Samson. — Rapport officiel.

Monsieur le Docteur ,

« Nous nous empressons de vous transmettre le rapport que vous nous demandez sur l'épidémie qui a régné dans notre commune, mais avant tout nous vous prions de recevoir le témoignage de notre unanime reconnaissance pour l'assiduité de vos soins et nos félicitations sur leurs heureux résultats.

« La fièvre typhoïde se propageait d'une manière effrayante et comptait déjà au moins neuf victimes dans notre commune. A notre demande M. Bigeon , médecin des épidémies , s'y rendit le 14 janvier ; et depuis, sous sa direction des secours publics ont été administrés avec autant de zèle que d'intelligence par une de nos sœurs du Saint-Esprit.

» Aucun des malades qui ont reçu des secours du gouvernement n'a succombé. Décès pendant les dix années qui ont précédé 1840 = 110, moyenne 11. Décés en 1840 = 26. Du premier janvier 1841 au 26 = 4, du 26 janvier au 14 avril, aucun : population, 556.

» Les maladies , depuis le 14 janvier ayant été prévenues ou guéries promptement, la dépense au compte du gouvernement ne se monte qu'à 65 fr. 83 c.

Rédigé en mairie de Saint-Samson , le 14 avril 1841.

De CADARAN , maire , membre du Conseil général , — BOISLET , recteur. Pain 22 fr. 38 c. viande 19 fr. 55 c., vin 1 fr., bois 18 fr., remèdes 4 fr. 90 c. Décès du 26 janvier au 10 mai (3 mois et demi) : aucun.

L'adjoint délégué ,   ANGER.

Dans l'arrondissement de Dinan, depuis près de quarante ans, toutes les épidémies ont cédé promptement à l'administration des secours publics. Ne doit-on pas en conclure que, dans nos climats, ces maladies seraient rarement très-meurtrières , si leur traitement était toujours confié à des médecins physiologistes ; si au lieu d'effrayer les malades, par les mots gastroentérite, choléra, croup, ou typhus, de recourir, *dans presque tous les cas*, à un traitement empirique, à des remèdes violents, qui s'opposent aux crises et déterminent l'absorption des miasmes délétères, on s'appliquait à détruire ces miasmes, à dissiper les congestions, à calmer les irritations viscérales, et, en faisant appel à la charité publique et particulière à procurer aux pauvres, non seulement du bouillon, de la viande et du vin, mais des couvertures, *du pain, du bois et des remèdes ?*

Je crois avoir suffisamment prouvé qu'une ère de prospérité, de bonheur commencerait pour nous , si nos institutions tendaient à concilier nos intérêts, si le système contraire, si le machiavélisme inspirait, en tout lieu, une juste et profonde horreur ; si tous les médécins, mis en bonne position sociale, imposant alors le respect et la confiance, agissaient aussi utilement qu'ils le pourraient sur le physique et le moral des populations confiées à leurs soins. — Les hommes haut placés ne seront point, je l'espère, toujours impassibles en vue de la mort dont une médication rationnelle peut, dans les circonstances ordinaires, long-temps et aisément suspendre les coups.

www.ingramcontent.com/pod-product-compliance
Lightning Source LLC
Chambersburg PA
CBHW051342050726
47595CB00006B/2371